AF586733

SUR LA LOI

DES

VOLUMES MOLÉCULAIRES

Conférence faite au laboratoire de M. Friedel

PAR

M. A. LEDUC

MAITRE DE CONFÉRENCES DE PHYSIQUE A LA FACULTÉ DES SCIENCES

PARIS

GEORGES CARRÉ, ÉDITEUR

3, RUE RACINE, 3

1894

SUR LA LOI DES VOLUMES MOLÉCULAIRES

CONFÉRENCE FAITE AU LABORATOIRE DE M. FRIEDEL

PAR

M. A. LEDUC

MAITRE DE CONFÉRENCES DE PHYSIQUE A LA FACULTÉ DES SCIENCES

Messieurs,

On peut distinguer dans les sciences physiques trois sortes de lois : 1° lois exactes ; 2° lois limites et 3° lois approchées.

Exemples. — 1° Les lois de Képler sont des lois exactes ; la recherche des poids atomiques est fondée sur l'*exactitude de la loi des nombres proportionnels ;*

2° La loi de Mariotte est une loi limite. Il existe à toute température supérieure au point critique une pression au voisinage de laquelle PV = Cte, c'est-à-dire que sur chaque isotherme d'un gaz il y a un point (limite) où la sous-tangente égale l'abscisse, ainsi que cela arrive pour tous les points d'une hyperbole rapportée à ses asymptotes.

On commet une erreur plus ou moins considérable en appliquant la loi de Mariotte entre deux limites quelconques, à moins que celles-ci ne correspondent sur l'isotherme à deux points sensiblement équidistants du point favorisé dont il vient d'être question ;

3° Enfin, la loi des capacités calorifiques atomiques de Dulong et Petit n'est qu'une loi approchée. Même en excluant un certain nombre de corps tels que l'aluminium, l'iode et le carbone, qui sont par trop gênants, et en choisissant pour chaque corps la chaleur spécifique la plus convenable, correspondant à une température très élevée pour les uns, très basse pour les autres, le produit de cette chaleur spécifique par le poids atomique est encore loin d'être uniforme. Il n'y a donc pas, en général, de *chaleur spécifique limite* répondant à la définition : $C = \frac{K}{A}$.

La loi de Dulong reçoit une application très heureuse en ce qu'elle permet de choisir le poids atômique de chaque corps parmi plusieurs nombres proportionnels ; mais elle ne permet de calculer qu'approximativement le poids atômique d'après la chaleur spécifique.

Dans laquelle de ces trois catégories faut-il ranger la loi des volumes moléculaires d'Avogadro et Ampère, ainsi que la loi des volumes de Gay-Lussac ?

Avant de répondre à cette question, permettez-moi de mettre sous vos yeux les nombres qui étaient classiques lorsque j'ai entrepris les recherches dont je vais avoir l'honneur de vous entretenir :

Ancien système

FORMULE	POIDS MOLÉCULAIRE	DENSITÉS PAR RAPPORT A L'AIR		VOLUMES MOLÉCULAIRES RAPPORTÉS A L'AZOTE	POINT CRITIQUE
		THÉORIQUE	EXPÉRIMENTALE (conditions normales)		
H	2 (base)	0,06912	0,06949	0,9970	— 230 (?)
Az	28,04	0,9692	0,9714	1 (base)	— 145
CO	27,93	0,9654	0,967	1,0006	— 140
O	31,92	1,1033	1,1056	1,0002	— 115
AzO	29,98	1,0362	1,039	0,9996	— 93
CH^4	15,97	0,5520	0,558	0,9915	— 85
C^2H^4	27,94	0,9657	0,971	0,9968	+ 9°
CO^2	43,89	1,5170	1,5290	0,9944	+ 31
Az^2O	44,00	1,5208	1,527	0,9982	36
HCl	36,37	1,2571	1,278 / 1,247	0,9859 / 1,0104	52
H^2S	33,92	1,1724	1,1912	0,9865	100
$(CAz)^2$	51,98	1,7966	1,8064	0,9969	124
AzH^3	17,02	0,5883	0,5967	0,9882	130
Cl	70,74	2,4450	2,445	1,0023	143
SO^2	63,84	2,2065	2,234	0,9900	156

	POIDS ATOMIQUE
C	11,97
Ag	107,67

Composition de l'air en poids

Az : 77
O : 23

Poids atomique moyen: 14.466

Pour calculer les densités théoriques par rapport à l'air, inscrites dans la troisième colonne, j'ai admis pour le poids moléculaire moyen de l'air le nombre 28,93, qui résulte de la composition en poids de l'air, d'après Dumas et Boussingault. On voit que ces densités sont fort éloignées des densités expérimentales, même pour l'azote et l'oxygène, contrairement à ce que l'on devait prévoir. Il y a à cela une bonne raison : tous les nombres qui ont servi au calcul (les poids atomiques de l'azote et de l'oxygène, leurs densités et la composition de l'air) sont inexacts, ainsi que je le montrerai tout à l'heure.

Prenons pour unité de volume moléculaire celui de l'azote[1].

Si nous laissons de côté le chlore et l'acide chlorhydrique, pour lesquels les erreurs sont manifestes, nous voyons que les volumes moléculaires varient entre 0,9882 et 1,0006, d'une manière qui ne présente aucune liaison avec le point critique ou avec toute autre donnée du même genre.

Il semblerait résulter de ces comparaisons que la loi d'Avogadro-Ampère dût être rangée dans la troisième catégorie : ce ne serait qu'une loi approchée, le volume moléculaire des gaz (à 0° par exemple) variant de l'un à l'autre de 1 à 2 p. 100, sans que cette variation fût en en relation avec aucune loi physique connue.

Je n'ai jamais admis cette conclusion que sous toutes réserves, et je crois avoir établi aujourd'hui que cette loi, ainsi que par conséquent la loi des volumes de Gay-Lussac, sont des lois limites au même titre que la loi de Mariotte.

I. — Densités de l'oxygène et de l'azote et composition de l'air atmosphérique

L'origine de mes recherches sur ce sujet remonte à 1889. J'avais été frappé de la discordance qui existait entre les densités de l'azote et de l'oxygène d'après Regnault et la composition de l'air d'a-

[1] Il convient évidemment de rapporter les densités, et par suite ces volumes, à un gaz quasi parfait. Or il faut rejeter l'air, parce que sa composition varie d'une manière appréciable, — le nitrosyle et surtout le formène, parce qu'il est difficile de les obtenir parfaitement purs, — l'hydrogène, parce qu'il me semble impossible de déterminer sa densité à un dix-millième près de sa valeur.

Il ne nous reste à choisir qu'entre l'azote, l'oxygène et l'oxyde de carbone. J'ai préféré l'azote, parce qu'il m'a paru le plus facile à préparer à l'état de pureté et que la seule impureté qu'il puisse contenir, l'oxygène, a une densité voisine de la sienne.

près Dumas et Boussingault, dont les déterminations étaient restées classiques et faisaient foi malgré quelques expériences plus récentes.

Si l'on désigne, en effet, par x le volume d'oxygène contenu dans 100 volumes d'air, par d et d' les densités de l'oxygène et de l'azote par rapport à l'air, on peut écrire l'équation :

$$dx + (100 - x)\,d' = 100.$$

d'où l'on tire $x = 21,32_6$, et par suite $dx = 23,58$, — résultat très différent, comme on le voit, de celui de Dumas et Boussingault.

Je pensai tout d'abord que le désaccord devait provenir principalement d'une erreur sur la densité de l'azote, parce qu'une petite différence sur celle-ci modifiait notablement la composition calculée. Je trouvai, en effet, que la densité de l'azote était comprise entre 0,972 et 0,97207 (moyenne $0,9720_5$) ; mais cette modification n'était pas suffisante. Je déterminai la densité de l'oxygène et je trouvai moins que Regnault : $1,1050_6$ en moyenne.

D'après ces nombres, l'air devrait contenir $21,02_5$ p. % d'oxygène en volume et $23,23_4$ en poids.

Je me proposai de déterminer directement la composition de l'air en poids par une méthode fondée sur l'absorption de l'oxygène par le phosphore. Un assez grand nombre d'analyses m'ont montré que l'air pris dans la cour de la Sorbonne renferme en moyenne 232 millièmes d'oxygène, nombre qui coïncide avec le précédent autant qu'on pouvait l'espérer.

J'ajouterai que la proportion de l'oxygène est restée comprise entre 0,2317 et 0,2323, sauf pour une expérience sur la qualité de laquelle j'ai quelque doute.

Je ne puis m'empêcher de faire une remarque sur le degré de précision véritable de ces expériences.

D'une part, je crois pouvoir affirmer que la méthode à laquelle je viens de faire allusion ne comporte qu'une incertitude d'un dix-millième environ ; elle est donc bien supérieure, sous ce rapport, à la méthode eudiométrique la plus perfectionnée, qui ne permet en aucun cas de compter sur le chiffre des millièmes lorsque l'étincelle a lieu en présence d'azote, d'hydrogène et d'oxygène.

D'un autre côté, j'ai rapporté les densités avec 5 décimales telles qu'elles ressortent des moyennes ; mais je me hâte de dire que la 5e décimale peut être affectée d'une erreur de 3 ou 4 unités. J'ajouterai même qu'il me paraît illusoire de compter sur la densité d'un gaz à moins de 1/20,000ᵉ près de sa valeur, — même dans le cas le plus favorable où ce gaz peut être préparé à l'état de pureté parfaite.

Il est facile de voir, en effet, que les erreurs des pesées ne descendent pas au-dessous de 1/30,000ᵉ ; une erreur de 0°,01 sur la température du gaz produit une altération de même ordre sur le résultat ; quant à la pression, il me paraît difficile de la connaître à moins de 1/20,000ᵉ près de sa valeur. Il faudrait être bien optimiste pour admettre que ces diverses erreurs doivent se compenser dans les moyennes.

Il faut enfin compter avec les changements de composition de l'air atmosphérique ; mais on évitera cet inconvénient en rapportant les densités des gaz à l'azote, ainsi que je l'ai dit plus haut.

Bref, on voit par ce qui précède qu'il est parfaitement permis d'admettre pour les densités de l'azote et de l'oxygène les nombres $0,9720_6$ et 1,1051, d'après lesquels l'air moyen de Paris contiendrait exactement 21 volumes d'oxygène pour 79 d'azote, soit $0,2320_7$ d'oxygène en poids, — le dernier chiffre n'étant inscrit que pour mémoire.

Avant d'aller plus loin, je dois vous exposer en quoi consistent les erreurs commises par nos illustres devanciers, Regnault et Dumas, et comment je les ai évitées.

Pour les déterminations de densités, j'ai suivi la méthode de Regnault ; je me bornerai donc à indiquer les perfectionnements que j'y ai apportés. Ces modifications sont de nature à diminuer les erreurs accidentelles et permettent d'obtenir des résultats partiels plus concordants, — dont la moyenne sera par conséquent bien plus certaine.

J'emploie un ballon de verre de *2 à 3 litres*, muni d'un *robinet de verre* et non d'une garniture métallique à robinet. Outre qu'on peut vérifier ainsi l'état de celui-ci à chaque instant, et l'essuyer parfaitement, on évite l'absorption de l'eau par le mastic.

Il est bien inutile de prendre un ballon de 10 litres, comme le faisait Regnault, à la condition de faire les *pesées au 10ᵉ de milligramme*, au lieu du demi-milligramme. Il est facile de voir que l'emploi d'un gros ballon crée toutes sortes de difficultés. J'ajouterai même que l'on peut déterminer les densités à 1/2,000ᵉ près au moyen d'un ballon d'un quart de litre comme celui que j'ai l'honneur de mettre sous vos yeux, et qui a servi à mes premières expériences.

Pour déterminer le poids de gaz qui remplit le ballon à 0° et à une certaine pression, Regnault tarait d'abord son ballon rempli à la pression atmosphérique, puis vide à quelques millimètres près. Le dernier poids est trop petit, en général ; car le ballon a perdu, par suite de l'essuyage, un peu de verre et de graisse enlevée autour du robinet.

Afin d'éviter l'essuyage, j'ai bien essayé, comme l'a fait depuis lord

Rayleigh, de remplir le ballon à la température ambiante : mais je n'ai pas été satisfait du résultat. On élimine du reste l'erreur en pesant le ballon vide *avant et après* chaque remplissage ; l'un des poids est trop fort de quelques dixièmes de milligramme, l'autre trop faible à peu près d'autant, de sorte que la moyenne se trouve sensiblement dégagée de cette erreur.

En outre, si la pompe présente quelque fuite, le gaz résiduel peut être fortement mêlé d'air : j'emploie la machine à mercure.

Quant à la mesure de la pression, j'ai apporté au mano-baromètre normal de Regnault le perfectionnement suivant : j'installe à cheval sur le bord de la cuvette un tube en S dont l'une des extrémités plonge dans le mercure, tandis que l'autre communique avec l'atmosphère. Cette dernière a le même diamètre que les 2 tubes de l'appareil. On réalise ainsi tous les avantages du *baromètre de précision à siphon*, tout en conservant ceux du manomètre de Regnault.

Le tube manométrique est maintenu plein de mercure. A cet effet, il ne communique avec les récipients qu'au moment de mesurer la pression résiduelle. Il est à peu près certain qu'il a ainsi la même température que son voisin à 0°,1 ou 0°,2 près.

Il convient enfin de faire une correction omise par Regnault : *le ballon se contracte* lorsqu'on y fait le vide ; il en résulte ici une diminution de poussée de 0.mgr.6 à 0.mgr.7 ; les moyennes du tableau ci-après devront être majorées d'autant.

On pourra juger du degré de précision de l'ensemble des mesures et de l'effet de compensation dont je viens de parler en jetant les yeux sur quelques nombres obtenus avec des gaz dont la pureté ne paraît pas douteuse.

Poids de divers gaz remplissant le ballon à densités dans les conditions normales

	Nombres qui doivent être approchés		Moyennes
	par excès	par défaut	
Air	2,9286 (?) 2,9290 2,9289	2,9288 2,9288 2,9287	2,9288
Oxygène[1]	3,2369 3,2367	3,2361 3,2358 3,2362	3,2364
Hydrogène	0,2032 0,2031	0,2026	0,2029
Id. (Autre ballon)	0,2077 0,2079	0,2070 0,2075 0,2073	0,2075

Je rappelle, avant de quitter ce tableau, que Regnault prenait la moyenne des nombres de la première colonne seulement. En ce qui concerne les densités par rapport à l'air d'un grand nombre de gaz, l'erreur qui en résulte est assez faible : car elle revient à ajouter deux quantités très petites et presque égales aux deux termes d'une fraction voisine de l'unité.

Mais, si l'on se propose de déterminer un poids absolu, comme par exemple le *poids du litre d'air normal à Paris*, on obtient un résultat notablement trop grand. C'est ainsi que Regnault a trouvé pour ce dernier le nombre 1 gr. 293187, qui devait être porté à 1 gr. 29347 pour tenir compte de la contraction du ballon vide, — tandis qu'en faisant subir aux nombres obtenus toutes les corrections convenables et bien connues (après avoir comparé, par exemple, la règle de mon cathétomètre aux étalons du Bureau international des poids et mesures), je trouve pour le poids de ce même litre d'air moyen de Paris 1 gr. 2932 tout au plus.

[1] Le robinet était trop graissé.

Toutefois les principales causes d'erreur dans les expériences de Regnault sont d'ordre chimique : les gaz sur lesquels il opérait n'étaient pas toujours suffisamment purs. Nous allons le montrer par quelques exemples.

1° **Azote.** — Regnault préparait l'azote en faisant passer de l'air dans un tube de cuivre *incandescent* chargé de planure de cuivre préalablement oxydée, puis réduite par l'hydrogène.

En opérant d'abord comme lui, mais dans un tube en verre de Bohème, j'ai obtenu des nombres très variables, dont la moyenne était voisine de la sienne.

Les causes d'erreur connues ne permettant pas de si grands écarts, je fus amené à penser que mon azote contenait des quantités variables d'un gaz léger, probablement d'hydrogène.

Je pris donc la précaution d'oxyder le cuivre sur une longueur de quelques centimètres du côté de la sortie, et je vis en effet se réduire, pendant la préparation de l'azote, tout l'oxyde préalablement formé. Pour éviter désormais le mélange d'hydrogène à l'azote, j'oxydai le cuivre sur une plus grande longueur et je m'assurai, à la fin de chaque opération, de ce que la réduction n'avait pas été complète. J'obtins alors des résultats bien concordants.

Permettez-moi de m'attarder un peu sur ce point particulier. Plusieurs auteurs, même avant les travaux de Regnault, ont énoncé que le cuivre réduit contient souvent de l'hydrogène *occlus*. Ce mot a l'avantage de dire tout, par cela même qu'il n'exprime rien de précis. Si on le prend à la lettre, on est porté à admettre que le gaz occlus doit se dégager entièrement dans le vide. Or, il ne s'en dégage pas trace même au rouge sombre.

Mais, si l'on fait passer dans ce tube au *rouge cerise* un courant d'acide carbonique, on recueille sur la cuve à potasse une quantité de gaz combustible H et CO d'autant plus grande que la température est plus élevée. On est donc bien en présence d'un *hydrure de cuivre* formé au-dessous du rouge, et dont la tension de dissociation devient appréciable au rouge vif.

C'est ainsi que l'azote préparé par Regnault contenait 1/2000[e] d'hydrogène dans les quatre premières expériences qu'il rapporte, et 1/1000[e] dans les deux dernières.

On trouve dans ce même fait l'explication de l'erreur de Dumas et Boussingault sur la composition de l'air. Le cuivre réduit laissait échapper de l'hydrogène qui se rendait dans le ballon, soit directement, soit après s'être transformé en vapeur d'eau. Il en résultait évidemment un poids trop faible pour l'oxygène, et un poids trop fort d'autant pour l'azote.

2° **Oxygène.** — Regnault préparait l'oxygène au moyen de chlorate de potasse. Je ne crois énoncer rien de bien nouveau pour vous, Messieurs, en disant que ce gaz contenait du chlore ou des composés chlorés qui en augmentaient la densité. Mais, afin de lever toute espèce de doute, voulez-vous me permettre de vous rappeler un fait caractéristique? Regnault a renoncé à étudier la compressibilité de ce même oxygène parce qu'aux pressions élevées, le mercure salissait le tube où il avait le contact de ce gaz, tandis qu'avec l'air, le même fait ne s'était jamais présenté. Or, nous savons bien aujourd'hui, et M. Amagat l'a surabondamment établi, que l'oxygène et le mercure purs sont sans action l'un sur l'autre aux pressions dont il s'agit.

J'ai préparé ce gaz par électrolyse d'une solution de potasse dans un voltamètre disposé de manière à recevoir un courant de 10 à 15 ampères. Au bout de quelque temps, les gaz dissous primitivement sont éliminés, et l'oxygène ne peut plus contenir qu'un peu d'hydrogène diffusé, dont on se débarrasse aisément en faisant passer le gaz sur une petite colonne de mousse de platine chauffée au rouge sombre.

II. — Densité de l'hydrogène et composition de l'eau

Hydrogène. — Ce gaz a été préparé par électrolyse d'une solution soit de potasse, soit d'acide sulfurique, ou bien par la réaction du zinc et de l'acide sulfurique, en le purifiant au moyen de permanganate de potasse, de potasse fondue et d'une colonne de cuivre au rouge sombre.

La concordance des résultats a été aussi parfaite que possible. La densité trouvée 0,06948 coïncide d'ailleurs cette fois avec celle de Regnault (0,06949, en tenant compte de la contraction du ballon vide); car le dernier chiffre ne peut être donné qu'à une ou deux unités près.

Poids atomique de l'oxygène. — De même que nous avons déterminé plus haut la composition de l'air atmosphérique au moyen des densités, nous pourrions déterminer celle de l'eau si nous connaissions la densité D du mélange d'oxygène et d'hydrogène provenant de l'électrolyse d'une solution de *potasse*.

Soit, en effet, x la proportion centésimale en volume de l'hydrogène dans le mélange. On a évidemment :

$$x \times 0.06948 + (100 - x)\, 1.1051 = 100 \times D.$$

On tire de là la composition de l'eau en volumes $\frac{100 - x}{x}$; et en poids : $\frac{(100 - x)\, 1.1051}{x \times 0.06948}$.

Cette méthode doit donner avec beaucoup de précision la composition en volumes, à cause de la grande différence qu'il y a entre les coefficients de x et de $(100 - x)$. Mais la difficulté consiste à recueillir les deux gaz sans autre mélange, et dans la proportion exacte où ils sont mis en liberté par l'électrolyse.

A cet effet, j'ai fait construire le voltamètre que voici, formé d'un flacon d'un litre environ, dont le goulot est fermé par un bouchon creux rodé et collé, tout spécial, que je dois à l'obligeance de M. Chabaud. — L'une des trois tubulures que porte ce bouchon est munie d'un robinet ; dans les deux autres, sont mastiquées à la paraffine les deux tiges de platine de 3 millimètres de diamètre qui portent le courant aux électrodes. Ces dernières tubulures sont prolongées intérieurement jusqu'au liquide, de manière à éviter tout contact entre le platine et le mélange tonnant.

La tubulure centrale est mise en relation avec la canalisation (en plomb) qui sert à toutes les expériences de ce genre, et sur laquelle est greffé un tube de verre de 85 centimètres, descendant jusqu'à une petite cuvette à mercure.

Après avoir fait le vide dans le voltamètre, je lui fournis pendant plusieurs jours sans interruption un courant de 5 ampères. Le premier remplissage de mon ballon à densités, effectué après vingt-six heures de ce fonctionnement, a donné exactement le même résultat que les suivants ; les électrodes et le liquide étaient donc arrivés à un état permanent.

Toutefois, pour éviter tout mécompte, il faut avoir soin de ne pas produire un vide, même partiel, dans le voltamètre pendant le remplissage : car, ainsi que je l'ai constaté, l'appareil dégage momentanément dans ces conditions un petit excès d'hydrogène, — ce qui a pour effet de diminuer la densité du mélange, et par suite le poids atomique de l'oxygène que nous allons calculer tout à l'heure. Dans un remplissage bien conduit, une bulle se dégage de temps à autre par le tube manométrique dont je viens de parler.

J'ai trouvé pour la densité : $D = 0.4142_5$, à $\frac{1}{10,000^e}$ près de sa valeur.

En faisant réagir l'acide azoteux sur les dicyanphénylhydrazines, M. Bladin obtient des dérivés du tétrazol.

Exemple :

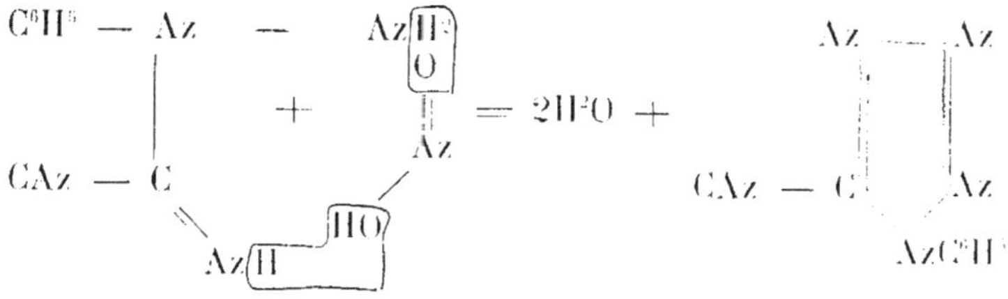

$$\begin{array}{l} C^6H^5 - Az - Az\boxed{H^2} \\ \quad\;\; | \qquad\qquad\quad \boxed{O} \\ CAz - C \;\; + \;\; \| \\ \quad\;\; \backslash\!\backslash \qquad\; Az \\ \quad\; Az\boxed{H \quad HO}/ \end{array} = 2H^2O + \begin{array}{l} \quad\;\; Az — Az \\ \quad\;\; \| \qquad\; \| \\ CAz - C \quad\; Az \\ \qquad\quad AzC^6H^5 \end{array}$$

La potasse alcoolique saponifie le groupement CAz et le transforme en groupement CO^2H.

C'est de l'acide ainsi obtenu qu'est parti M. Bladin pour préparer le tétrazol libre.

On fait le dérivé nitré, puis le dérivé amidé :

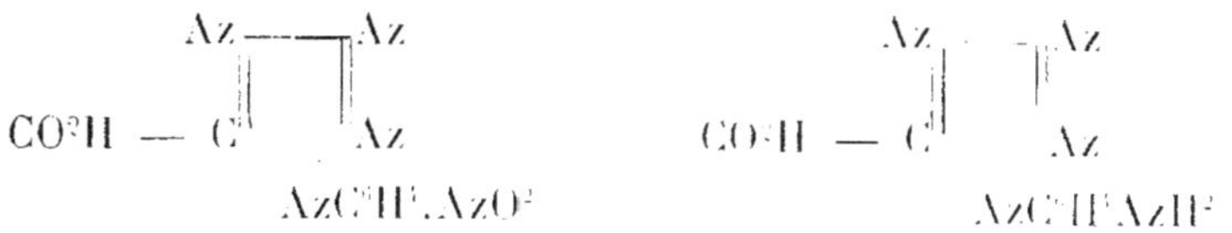

$$\begin{array}{l} \quad\quad Az — Az \\ \quad\quad \| \qquad \| \\ CO^2H - C \quad\; Az \\ \qquad\; AzC^6H^4.AzO^2 \end{array} \qquad \begin{array}{l} \quad\quad Az — Az \\ \quad\quad \| \qquad \| \\ CO^2H - C \quad\; Az \\ \qquad\; AzC^6H^4AzH^2 \end{array}$$

Ce dernier, oxydé par le caméléon en solution fortement alcaline, perd le groupe $C^6H^4AzH^2$, qui est remplacé par H ; il suffit de chauffer l'acide tétrazol-carbonique ainsi obtenu :

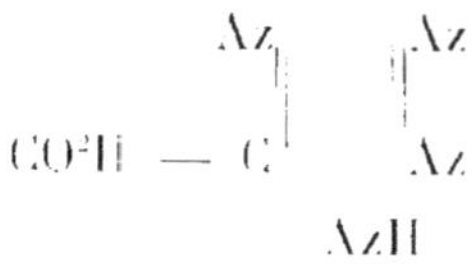

$$\begin{array}{l} \quad\quad Az — Az \\ \quad\quad \| \qquad \| \\ CO^2H - C \quad\; Az \\ \qquad\quad AzH \end{array}$$

pour avoir le tétrazol :

$$\begin{array}{l} Az — Az \\ \| \qquad \| \\ CH \quad\; Az \\ \quad AzH \end{array}$$

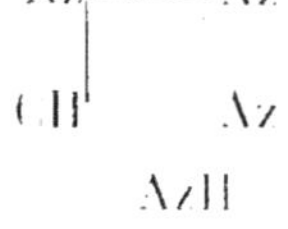

Le tétrazol est un corps cristallisé, soluble dans l'eau et l'alcool ; il fond à 155 degrés. Il rougit le tournesol et donne avec les sels métalliques des précipités ; les sels de cuivre et d'argent sont détonants. Les propriétés basiques du tétrazol sont nulles.

Ce serait ici la place des azols à 5 atomes d'azote ou pyrrhotétrazols, dont le type serait le composé :

$$\begin{array}{ccc} Az & - & Az \\ \| & & \| \\ Az & & Az \\ & \diagdown\ \diagup & \\ & AzH & \end{array}$$

et ne renfermerait plus un seul atome de carbone ; aucun corps de cette nature n'a encore été préparé.

J'en ai fini, Messieurs, avec l'histoire des azols. Comme vous avez pu le voir dans le cours de cette longue conférence, la classe des azols est aujourd'hui une des plus riches de la chimie. C'est surtout dans ces dernières années qu'elle a pris un si grand développement grâce aux travaux de M. Knorr et de M. Maquenne sur les pyrazols, de M. Hantzsch et de M. Claisen sur les thiazols et les oxazols, de M. Gabriel sur les oxazolines, de M. Pechmann sur les osotriazols, de M. Andreocci sur les triazols, et de M. Bladin sur les triazols et les tétrazols, pour ne citer que les plus importants.

Si l'on jette un coup d'œil d'ensemble sur les nombreux composés que nous venons de passer en revue, on est d'abord frappé de la grande stabilité de tous ces noyaux, malgré l'accumulation progressive de l'azote dans la molécule. Qu'il me suffise de vous rappeler que les osotriazols, les triazols et les tétrazols résistent à l'acide nitrique bouillant et à l'acide sulfurique ; s'ils sont attaqués, ils le sont toujours dans les chaînes latérales, jamais dans le noyau.

Il me semble, en outre, que le caractère plus ou moins basique des azols est jusqu'à un certain point fonction du nombre d'atomes d'azote contenus dans le noyau : les glyoxalines ou β pyrazols sont de véritables bases, comparables aux anilines ; les triazols et les osotriazols sont des bases faibles, donnant encore des chloroplatinates ; le tétrazol est un véritable acide, rougissant le tournesol et produisant, avec les bases faibles comme avec les bases fortes, des sels parfaitement stables. Il est infiniment probable que le composé suivant, encore inconnu :

$$Az^5H = \begin{array}{c} Az - Az \\ \| \quad \| \\ Az \quad Az \\ AzH \end{array}$$

où tous les groupes CH du pyrrhol auraient été remplacés par autant d'atomes d'azote, serait un acide encore plus énergique, un acide analogue à la diazoïmide de Curtius $Az^3H = AzH \langle \begin{array}{l} Az \\ Az \end{array}$, ce singulier composé qui, comme on sait, dégage de l'hydrogène au contact des métaux avec la même facilité que l'acide chlorhydrique et l'acide sulfurique.

Tours. — Imprimerie Deslis Frères

Par suite $x = 66,71$. D'où : $\frac{x}{100 - x} = 2,0039$, et le poids atomique de l'oxygène $O = 15,875$.

Je ne donne, bien entendu, que sous toutes réserves la dernière décimale de ces deux nombres : il est facile de voir qu'elle peut présenter une erreur de plusieurs unités, mais que le rapport des volumes ne peut être inférieur à 2,003 ni le poids atômique de l'oxygène supérieur à 15,88, comme on l'a prétendu.

J'ai profité de l'occasion qui s'offrait de reprendre la détermination directe de ce poids atômique. J'ai suivi la méthode de Dumas, en y apportant quelques perfectionnements.

J'ai l'honneur de vous présenter l'appareil qui m'a servi. Bien que, comme vous le voyez, il tienne tout entier dans une seule main, il m'a permis de former en une seule opération plus de 22 grammes d'eau. Un appareil comme celui-ci peut être pesé avec une grande précision.

Je passerai rapidement sur les détails.

Dans un tube de 4 centimètres de diamètre j'introduis 200 grammes de cuivre électrolytique laminé très mince, qui, bien qu'assez fortement tassé, laisse facilement passer les gaz. — Après l'avoir oxydé, puis réduit plusieurs fois, je l'oxyde aussi profondément que possible, puis je l'introduis dans ce tube en verre demi-dur, de même diamètre et de 25 centimètres de longueur, muni à ses extrémités de tubes plus étroits dont l'un porte un robinet de verre, et l'autre convenablement recourbé se termine par une pointe que l'on ferme à la lampe avant et après la réduction.

L'appareil condenseur est formé de trois pièces soudées que l'on peut isoler au moyen de bouchons-robinets rodés : la première est une petite ampoule de 35 centimètres cubes; la deuxième, un tube en U qui, plongé dans un mélange de glace et de sel, condense la majeure partie de la vapeur d'eau entraînée vers la fin de l'opération par l'hydrogène non utilisé; — enfin, un autre tube en U renfermant de l'anhydride phosphorique également refroidi.

Cette partie de l'appareil est toujours pesée pleine d'hydrogène, sauf l'ampoule qui contient de l'air; le tube à cuivre est pesé vide de gaz.

Enfin je réoxyde superficiellement le cuivre au moyen d'oxygène ou d'air sec, et je recueille dans ce petit tube à anhydride phosphorique les quelques centigrammes d'eau formée, — dont 1/9 représente le poids d'hydrogène fixé par le cuivre dans sa réduction.

J'ai rencontré dans cette opération une difficulté assez sérieuse. Un tube que l'on chauffe vers 400 degrés pendant une demi-heure dans une gouttière garnie d'amiante, puis lavé et essuyé, pèse moins, et quelquefois notablement moins, qu'avant l'opération.

On n'évite pas toujours cet inconvénient en garnissant la gouttière de magnésie ; quelquefois d'ailleurs il y a dans ces conditions augmentation de poids. Il est bien préférable d'envelopper le tube dans une feuille de platine bien continue et bien propre passée à la flamme du chalumeau. Il suffit ainsi d'essuyer soigneusement la partie du tube qui n'était pas recouverte et qui n'a pas été chauffée. J'ai du reste constaté que l'essuyage de la partie chauffée ne produit qu'une perte de poids insignifiante.

Après un certain nombre d'expériences d'essai, destinées à étudier la méthode, et qui m'ont amené à modifier successivement l'appareil, deux opérations dans lesquelles j'ai formé 42 grammes d'eau m'ont donné pour le poids atomique de l'oxygène 15,880 et 15,882.

Ces nombres doivent être approchés par excès ; car les pertes de poids subies par les deux parties de l'appareil dans leur essuyage ainsi que la perte possible d'une petite quantité d'eau au moment de leur séparation contribuent à diminuer le poids de l'eau et à exagérer celui de l'oxygène. Mais, grâce au poids d'eau relativement considérable formé dans chaque expérience, ces erreurs ne peuvent affecter que faiblement le dernier chiffre.

La méthode précédente nous donnait 15,875, valeur vraisemblablement approchée par défaut ; celle-ci donne 15,881 par excès. Le poids atomique de l'oxygène est donc très probablement 15,878 à une ou deux unités près sur le dernier chiffre ; mais je me défie de l'extrême précision, et je crois que vous serez avec moi d'avis d'admettre le nombre rond 15,88, qui, d'après ce qui précède, est approché à moins de $\frac{1}{3,000^e}$ près et probablement à $\frac{1}{10,000^e}$ près par défaut.

Ne vous semble-t-il pas d'ailleurs, Messieurs, comme à moi, qu'il est fâcheux de prendre pour base l'hydrogène, dont la comparaison avec les autres corps simples présente tant de difficultés ? L'oxygène se prête beaucoup mieux à ces comparaisons. Attribuons-lui donc, suivant l'usage, le poids atomique 16 ; celui de l'hydrogène devient 1,0076.

III. — Volumes moléculaires

Je me suis attardé, Messieurs, sur cette première partie de mon sujet, que je considère comme fondamentale. J'arrive maintenant aux *volumes moléculaires*.

Nous avons vu plus haut que, dans les conditions dites « normales », le rapport des volumes moléculaires de l'hydrogène et de l'oxygène est 1,0019 environ. Mais l'hydrogène dans ces conditions s'écarte de la loi de Mariotte, par exemple, en sens contraire des autres gaz, — de l'oxygène en particulier.

Le volume d'une molécule d'hydrogène doit être supérieur à celui d'une molécule de gaz parfait, tandis que celui d'une molécule d'oxygène doit être plus petit. Enfin, dans le même ordre d'idées, les volumes moléculaires de l'azote et de l'oxyde de carbone doivent être un peu plus grands que celui de l'oxygène, parce qu'ils sont un peu moins compressibles.

Oxyde de carbone. — Pour me rendre compte de la valeur de cette idée, je me suis proposé de calculer le poids atomique du carbone, en admettant à titre d'approximation que l'*oxyde de carbone* a même volume moléculaire que l'oxygène.

J'ai donc déterminé avec grand soin la densité de ce gaz et trouvé $0{,}9670_2$. Son poids moléculaire, dans l'hypothèse ci-dessus, serait donc (en partant de 15,88 pour l'oxygène).

$$2 \times \frac{0{,}9670_2}{1{,}1051} \times 15{,}88 = 27{,}792$$

et le poids atomique du carbone :

$$C = 11{,}912.$$

Or, M. Friedel a trouvé par la synthèse de l'acide carbonique 11,917, et Van der Plaat 11,915.

Il n'est pas impossible que des traces d'acide carbonique aient échappé ici à l'absorption ; mais il est bien plus probable que l'écart 11,912 — 11,916 tient uniquement à ce que l'oxyde de carbone est plus éloigné de son point critique que l'oxygène.

La densité théorique x de l'oxyde de carbone, rapportée à l'oxygène, c'est-à-dire calculée en admettant encore l'égalité des volumes moléculaires de ces deux gaz, avec le poids atomique 11,916 pour le carbone, serait donnée par :

$$\frac{2x}{1{,}1051} \times 15{,}88 = 27{,}796$$

et par suite le volume moléculaire de ce gaz par rapport à l'oxygène est :

$$\frac{x}{0,9670_2} = \frac{27,796}{27,792} = 1,0001_5.$$

On voit donc que la différence des volumes moléculaires de ces deux gaz n'est que de 1 à 2 dix-millièmes.

Poids atômique de l'azote. — L'*azote* a son point critique bien près de celui de l'oxyde de carbone. Nous admettrons donc, sauf à le justifier ensuite, que son volume moléculaire rapporté à l'oxygène est 1,0002. D'après cela, son poids atomique est

$$\frac{0,97206 \times 1,0002}{1,1051} \times 15,88 = 13,971.$$

ou plus simplement, eu égard aux incertitudes diverses 13,97.

Nitrosyle. — Le *nitrosyle* a son point critique un peu plus haut que l'oxygène. Son volume moléculaire doit être plus petit. J'ai fait tout mon possible pour en déterminer exactement la densité ; mais je n'ai pas réussi à le préparer absolument pur.

Le gaz extrait de sa combinaison avec le chlorure ferreux en solution très concentrée à une température ne dépassant guère 40 degrés n'était pas complètement absorbable par une solution saturée du même sel ; le résidu s'élevait à $\frac{1}{1.000}$ environ et rallumait ordinairement une allumette.

Dans l'impossibilité d'analyser une si petite quantité de gaz, j'ai dû me contenter d'une correction approximative — heureusement très faible, — et je crois pouvoir donner pour la densité du nitrosyle : 1,0388, à une unité près sur le dernier chiffre.

Or, sa densité théorique par rapport à l'oxygène est :

$$1,1051 \times \frac{29,85}{2 \times 15,88}$$

et par suite le rapport des volumes moléculaires est :

$$\frac{1,1051 \times 29,85}{1,0388 \times 2 \times 15,88} = 0,9998.$$

Je retrouve le même écart de 1 à 2 dix-millièmes entre l'oxygène et le nitrosyle qu'entre l'oxygène et l'oxyde de carbone, alors que les points critiques de ces deux gaz sont aussi à peu près équidistants de celui de l'oxygène.

Le principe sur lequel je me suis appuyé paraît donc entièrement justifié, et l'on est porté à croire, d'après ces exemples, que les gaz également éloignés de leur point critique ont dans les conditions normales le même volume moléculaire, et, comme ils ont aussi même compressibilité et même coefficient de dilatation, que cette égalité devra se conserver dans des limites très étendues.

Mais on prévoit que ces conclusions ne seront entièrement justifiées que si les gaz comparés ont aussi à peu près la même pression critique ; c'est en effet à cette double condition que les gaz seront comparés dans des *états correspondants*.

Il ne suffit pas d'avoir montré à quelles conditions la loi d'Avogadro est applicable : car il est rare que ces conditions soient remplies. Il faut maintenant rechercher s'il est possible de calculer le rapport des volumes moléculaires (dans les conditions normales, par exemple) de deux gaz dont on connaît le point critique avec la pression critique, ou bien le point de liquéfaction sous la pression normale.

Pour ceux dont nous venons de parler et dont le point critique est très bas, nous avons vu que le volume moléculaire augmente de $\frac{1}{10.000^e}$ pour un abaissement du point critique d'environ 15 degrés. Il serait intéressant de voir jusqu'à quel point cet énoncé s'applique au formène ; mais j'ai renoncé à entreprendre la préparation de ce gaz à l'état de pureté

Une difficulté évidente va se présenter pour les gaz plus voisins des conditions de liquéfaction. L'influence de ce voisinage pourra devenir considérable, prépondérante.

Je suis très porté à croire que *tous des gaz pris dans les états correspondants ont sensiblement le même volume moléculaire*. C'est la loi d'Avogadro, considérée comme loi limite. Mais les matériaux me manquent encore pour essayer de l'établir. Quoi qu'il en soit, le volume moléculaire doit être en général fonction à la fois de la température et de la pression critiques, du point de liquéfaction, peut-être même d'autres propriétés indépendantes de celles-là. Adressons-nous à l'expérience.

Poids atomiques de l'argent, du chlore et du soufre. — Mais, avant d'aller plus loin, nous avons besoin de connaître les poids moléculaires d'un certain nombre de gaz, et j'ai tenu à n'emprunter aux déterminations purement chimiques que le moins possible de données.

Les chimistes me paraissent suffisamment d'accord sur la composition de l'azotate d'argent.

D'après Stass $\frac{Ag}{AzO^3} = 1,7400.$

Le poids atomique de l'argent est donc :

$$1.74 \times (13,97 + 3 \times 15.88) = 107,20.$$

Peut-être ne s'accorde-t-on pas aussi bien sur la composition du chlorure et du sulfure d'argent ; j'admettrai néanmoins, avec Stass, jusqu'à plus ample informé, que l'argent se combine au chlore dans le rapport de 107,93 à 35,457, et au soufre, dans le rapport de 100 à 14,852. D'après cela, le poids atomique du chlore est 35,216, celui du soufre 31,843.

Densités et volumes moléculaires de quelques gaz

Les densités théoriques (par rapport à l'oxygène) d'un grand nombre de gaz peuvent être calculées maintenant.

Je me bornerai au chlore, aux acides chlorhydrique, carbonique et sulfureux, pour lesquels on a :

$$Cl : \frac{35,216}{15,88} \times 1,1051 = 2,4507;$$

$$HCl : \frac{36,216}{2 \times 15,88} \times 1,1051 = 1,2601;$$

$$CO^2 : \frac{11,916 + 2 \times 15,88}{2 \times 15,88} \times 1,1051 = 1,5197;$$

$$SO^2 : \frac{31,843 + 2 \times 15,88}{2 \times 15,88} \times 1,1051 = 2,2130.$$

J'ai déterminé la densité de l'*acide chlorhydrique* : je ne crois pas utile d'insister sur les soins particuliers apportés à cette expérience et grâce auxquels les résultats ont été très concordants. Cette densité a été trouvé égale à 1,2696 [1].

[1] On trouve dans les traités classiques (le plus souvent sans indication d'auteur) : 1,278 et 1,267.

Le volume moléculaire de ce gaz est donc :

$$\frac{1,2601}{1,2696} = 0,9925.$$

Il est facile de préparer l'*acide sulfureux* pur : mais il est difficile de préciser sa densité dans les conditions normales parce qu'elle varie notablement avec la pression à 0° et que l'on n'opère pas souvent à 760 millimètres.

J'ai dû étudier spécialement la compressibilité de ce gaz à 0° afin d'apporter aux données expérimentales les corrections convenables.

Grâce à cette précaution, les résultats ont été concordants. Mais il est possible qu'il se produise avec ce gaz, si voisin de son point de liquéfaction, le phénomène de condensation sur les parois signalé par Cahours et Bineau : la densité obtenue serait alors approchée par excès.

Bref, j'ai trouvé des nombres compris entre 2,2638 et 2,2641, dont la moyenne est 2,2639.

Le volume moléculaire est donc :

$$\frac{2,2130}{2,2639} = 0,9776.$$

Quant au *chlore*, les difficultés sont encore plus grandes. Cependant je ne renonce pas à obtenir sa densité avec la même précision que les précédentes.

Grâce au robinet de verre de mon ballon, lubréfié par une matière inattaquable au chlore, j'ai pu opérer comme d'habitude, à la condition de recouvrir d'acide sulfurique le piston de mercure de la machine pneumatique et d'éviter le contact du chlore avec le mercure du manomètre. J'ai même fait construire pour la préparation de ce gaz un appareil tout en verre, formé de pièces soudées ou raccordées par des rodages ; mais, réduit à opérer seul, j'ai dû renoncer provisoirement à me servir de cet appareil assez fragile et d'une manipulation difficile. Je me suis contenté de prendre la densité du chlore extrait d'une de ces bouteilles en fer que vous connaissez, et que l'on trouve aujourd'hui dans le commerce, remplies de chlore liquide. M. Friedel a bien voulu me prêter un de ces récipients qui était en service à son laboratoire depuis plusieurs jours et dont, par conséquent, les impuretés plus volatiles que le chlore avaient dû être partiellement éliminées. Je plaçai seulement sur le trajet du gaz une double colonne de pierre ponce imbibée, d'une part, d'une solution de sulfate de cuivre concentrée à chaud, et d'autre part, d'acide sulfurique, pour arrêter l'acide chlorhydrique et la vapeur d'eau.

La densité de ce gaz a été trouvée de 2,4865 [1].

D'après cela, le volume moléculaire du chlore serait 0,9856.

Mais il faut remarquer que le chlore examiné contenait entre autres impuretés les gaz atmosphériques, dont la proportion pouvait atteindre 2 ou 3 millièmes, de sorte que la densité du chlore pur pourrait bien s'élever à 2,49, — ce qui abaisserait le volume moléculaire à 0,984 environ. Admettons provisoirement 0,985.

Enfin je n'ai pas fait jusqu'ici d'expérience sur l'acide carbonique ; mais, les nombres de Regnault relatifs à ce gaz étant bien concordants, j'admettrai la densité 1,5290 ; d'où le volume moléculaire 0,9939.

IV. — Conclusion

Voulez-vous maintenant, Messieurs, jeter un coup d'œil d'ensemble sur ces divers résultats ? Nous allons les résumer dans un tableau semblable au premier que vous avez encore sous les yeux ; mais, de même que dans celui-ci, nous rapporterons les volumes moléculaires à l'azote et nous en ferons autant pour les densités.

FORMULE	POIDS MOLÉCULAIRE OU ATOMIQUE		DENSITÉ EXPÉRIMENTALE PAR RAPPORT à l'air	DENSITÉ EXPÉRIMENTALE PAR RAPPORT à l'azote	VOLUME MOLÉCULAIRE	POINT CRITIQUE
H	1 (base)	1,0076	0,06948	0,07148	1,0017	— 230 (?)
Az	13,97	14,075	0,9720	1 (base)	1 (base)	— 145
CO	27,796		0,9670$_2$	0,9956	0,9999	— 140
O	15,88	16 (base)	1,1051	1,1368	0,9998	— 115
AzO	29,85		1,0388	1,0696	0,9996	— 93
CO^2	43,676		1,5290		0,9937	+ 31
HCl	36,216		1,2696	1,3072	0,9923	+ 52
Cl	35,216	35,482	2,488	2,560	0,985	+ 143
SO^2	63,60		2,2639	2,3309	0,9776	+ 156
C	11,916	12,006	Composition de l'air atmosphérique moyen de Paris			
Ag	107,20	108,01		O — 0,232		
S	31,84			Az 0,768		

[1] Les traités indiquent 2,44.

Les corps rangés encore d'après l'ordre des points critiques se trouvent rangés aussi maintenant dans l'ordre de leurs volumes moléculaires. Voici donc un premier point acquis fort remarquable, à mon avis, et que ne faisait guère entrevoir le premier tableau.

De plus, si l'on dessine la courbe ayant pour abscisses les points critiques, et pour ordonnées les volumes moléculaires, on constate qu'elle affecte une forme très nette. Je suis porté à croire qu'il en sera encore de même lorsque j'aurai étudié un plus grand nombre de gaz. Toutefois, en ce qui concerne les gaz facilement liquéfiables, l'influence de la pression critique pourra être suffisante pour altérer la régularité de cette courbe, qui deviendra moins franche à mesure que le point de liquéfaction du gaz considéré se rapprochera de la température de 0° à laquelle sont prises les densités.

Il conviendra alors de comparer les volumes moléculaires des gaz à 0° par exemple et à des *pressions correspondantes*, et non à la même pression pour tous les gaz ; car, ainsi que je l'ai dit plus haut, le volume moléculaire n'est pas uniquement fonction de l'éloignement du point critique, mais, d'une manière plus générale, de *l'éloignement de la condition de gaz parfait*.

J'ai la conviction que la nouvelle courbe ainsi obtenue ne présentera ni maxima, ni minima, ni même d'inflexions.

Dans le même ordre d'idées, la comparaison entre l'acide carbonique et le protoxyde d'azote sera très instructive, parce que celui dont le point critique est le plus élevé a un point de liquéfaction inférieur.

Quoi qu'il en soit, cette courbe complétera très heureusement la loi d'Avogadro; car elle permettra de calculer, d'après le données critiques, à *un dix-millième* près pour les gaz difficilement liquéfiables, et tout au moins à un millième près pour les autres, le volume moléculaire et, par suite, la densité des gaz dont le poids moléculaire est connu. C'est ainsi, Messieurs, que je puis vous dire en toute certitude que la densité du formène par rapport à l'air dans les conditions normales est 0,5540 au lieu de 0,558, nombre admis jusqu'ici.

Réciproquement, cette même courbe me permettra de calculer avec exactitude le poids moléculaire des gaz dont la densité sera bien connue. Je me propose de déterminer ainsi le poids moléculaire du phosphure d'hydrogène gazeux, et d'en déduire le poids atomique du phosphore.

Enfin je vous indiquerai, en terminant, une autre application des résultats que je viens de vous exposer. Les analyses volumétriques, indépendamment des erreurs afférentes à chaque méthode, à chaque instrument et à chaque gaz, que l'on ne peut discuter par conséquent qu'en détail, étaient sujettes jusqu'ici à des erreurs parfois considérables tenant à l'inégalité des volumes moléculaires des divers gaz en expérience.

Vous venez, Messieurs, de voir s'évanouir cette dernière cause d'erreur par la connaissance exacte de ces volumes. Nous savons maintenant, par exemple, que 1 000 volumes d'acide chlorhydrique (à 0°), traités par un absorbant du chlore, laisseront 505 volumes d'hydrogène, et non 500, — et que 100 volumes d'oxyde de carbone absorbent $49^{v},9$ d'oxygène pour former $99^{v},7$ d'acide carbonique.

Grâce à l'usage de ces volumes moléculaires, dont je compte donner un tableau plus étendu dans un avenir peu éloigné, certaines expériences volumétriques pourront donner des résultats aussi précis que les méthodes en poids.

Tours. — Imprimerie Deslis Frères.

www.ingramcontent.com/pod-product-compliance
Lightning Source LLC
LaVergne TN
LVHW052025160826
845678LV00003B/1220

* 9 7 8 2 3 2 9 6 3 6 4 6 7 *